好雨知时节

西苑出版社
XIYUAN PUBLISHING HOUSE
·北京·

春雨惊春清谷天
夏满芒夏暑相连
秋处露秋寒霜降
冬雪雪冬小大寒
每月两节不变更
最多相差一两天
上半年来六廿一
下半年是八廿三

立春

春好处

立春

王镃

泥牛鞭散六街尘，
生菜挑来叶叶春。
从此雪消风自软，
梅花合让柳条新。

王镃，字介翁，号月洞，人称“月洞先生”。南宋诗人。

泥牛：又名『春牛』，旧时打春仪式上所用土牛，用泥土制成。官府立春祭祀，带头打牛，或用棍棒，或用柳条，『牛』打得越碎越好，尘土满地，以此迎春催耕，祈祷丰收。

柳条新：『五九、六九沿河看柳』，柳条抽芽是春天来临的象征。

六街：意指唐宋京都宫门外左右各三条的大街。

立春，正月节。立，建始也。五行之气，往者过，来者续，于此，而春木之气始至，故谓之立也。立夏、秋、冬同。

初候，东风解冻。二候，蛰虫始振。三候，鱼陟负冰。

立春食春饼、生菜。清代诗人袁枚赞春饼：薄如蝉翼，大若茶盘，柔腻绝伦。东汉农学家崔寔在《四民月令》中记载：立春日食生菜，取迎新之意。

雨水

雨如烟

早春呈水部张十八员外

韩愈

天街小雨润如酥，
草色遥看近却无。
最是一年春好处，
绝胜烟柳满皇都。

韩愈，字退之，世称“韩昌黎”“昌黎先生”。唐代中期文学家、思想家，“唐宋八大家”之首。

天街：帝都的街道。

雨水，正月中。天一生水，春始属木，然生木者，必水也，故立春后继之雨水。且东风既解冻，则散而为雨水矣。

初候，獭祭鱼。二候，鸿雁北。三候，草木萌动。

元宵节又称上元节，是中国传统节日之一，时间为每年农历正月十五。元宵节有赏花灯、猜灯谜、耍龙灯、舞狮子等习俗。饮食上，北方人『滚』元宵，南方人则『包』汤圆。

雨水之后春笋萌发，此时正是食春笋的好时节。李渔在《论蔬》中说，春笋是『蔬食中第一品』，源于它『清，洁，芳馥，松脆』，而如此脱俗的笋，配肥猪肉乃是最佳。

惊蛰

春雷震

惠崇春江晚景二首（其一）

苏轼

竹外桃花三两枝，
春江水暖鸭先知。
蒌蒿满地芦芽短，
正是河豚欲上时。

苏轼，字子瞻，号东坡居士，世称“苏东坡”。北宋文学家、书法家、画家，“唐宋八大家”之一。

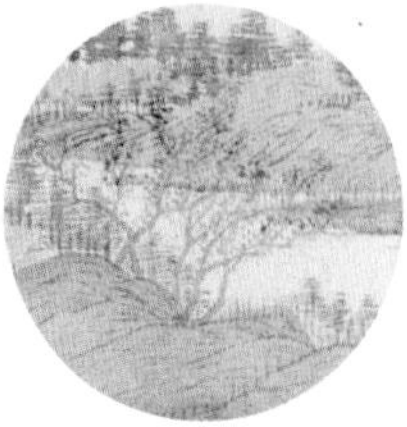

河豚：河鲀，产于我国沿海和一些内河。肉味鲜美，但卵巢、肝脏、眼睛有剧毒，食用前须专门处理。

惊蛰，二月节。《夏小正》曰：正月启。蛰，言发蛰也。万物出乎震，震为雷，故曰惊蛰。是蛰虫惊而出走矣。

初候，桃始华。二候，仓庚鸣。三候，鹰化为鸠。

惊蛰吃梨，这是流传于我国北方的民间习俗，意为与害虫别离。

春江水暖时节，鳜鱼最为肥美。兴盛于乾隆年间的松鼠鳜鱼可谓时令名菜，袁枚在《随园食单》中记载：季鱼少骨，炒片最佳。炒者以片薄为贵……油用素油。季鱼就是鳜鱼。

春分

绿丝绦

村居

高鼎

草长莺飞二月天，
拂堤杨柳醉春烟。
儿童散学归来早，
忙趁东风放纸鸢。

高鼎，字象一，一字拙吾。清代诗人。

春烟：春天水泽、草木蒸发出来的雾气。

春分，二月中，分者，半也，此当九十日之半，故谓之分。秋同义。
初候，元鸟至。二候，雷乃发声。三候，始电。

春分吃春菜，采集来的野生春菜与鱼片『滚汤』，名为『春汤』。俗话说：春汤灌脏，洗涤肝肠。阖家老少，平安健康。

春分时节，老北京有吃驴打滚的习俗，以求辟邪祈福。驴打滚又叫豆面糕，是用黄豆面辅以红豆沙、白糖、桂花、青红丝、瓜仁等制成，口感丰富，成品呈黄、白、红三色，煞是好看。

清明

桃花开

寒食

韩翃

春城无处不飞花，
寒食东风御柳斜。
日暮汉宫传蜡烛，
轻烟散入五侯家。

韩翃，字君平。唐代诗人，时称“大历十才子”。

春城：暮春时节的长安城。

寒食：寒食节，中国古代传统节日，按风俗家家禁烟火、食冷食，连续三日，故称寒食。

汉宫：唐朝皇宫。

传蜡烛：寒食节禁火，但权贵宠臣可得到皇帝恩赐的燃烛。
五侯：泛指皇帝宠臣。

清明，三月节。按《国语》曰：时有八风，历独指清明风，为三月节。此风属巽故也。万物齐乎巽，物至此时皆以洁齐而清明矣。

初候，桐始华。二候，田鼠化为鴽。三候，虹始见。

清明时节，江南一带有吃青团的习俗。春暖时节，青叶红茎的马兰头随处可见，摘取嫩叶，加入醋配笋拌着吃，正合清明吃冷食的习俗，也有解腻醒脾之效。

谷雨

百谷生

七言诗

郑板桥

不风不雨正晴和，
翠竹亭亭好节柯。
最爱晚凉佳客至，
一壶新茗泡松萝。
几枝新叶萧萧竹，
数笔横皴淡淡山。
正好清明连谷雨，
一杯香茗坐其间。

郑板桥，原名郑燮，人称“板桥先生”。清代书画家、文学家，“扬州八怪”重要代表人物。

松萝：松萝茶，属绿茶类，创于明初，产于安徽省休宁县，是我国著名的药用茶。

谷雨，三月中。自雨水后，土膏脉动，今又雨其谷于水也。

初候，萍始生。二候，鸣鸠拂其羽。三候，戴胜降于桑。

南方有谷雨摘茶的习俗，谷雨时节采制的春茶芽叶肥硕、叶质柔软、滋味鲜活，故特称『谷雨茶』。

谷雨前后正是香椿上市的好时节，古语有『雨前香椿嫩如丝』之说，此时的香椿清香爽口，营养和药用价值丰富，香椿炒鸡蛋、香椿拌豆腐都是常见的吃法。

立夏

捉柳花

立夏

陆游

赤帜插城扉，东君整驾归。
泥新巢燕闹，花尽蜜蜂稀。
槐柳阴初密，帘栊暑尚微。
日斜汤沐罢，熟练试单衣。

陆游，字务观，号放翁。南宋文学家、史学家。

赤帜：红旗，也比喻太阳或太阳的炎威。

东君：太阳神，也是司春之神。

单衣：单层无里子的衣服。《管子·山国轨》有云：「春缣衣，夏单衣。」

立夏，四月节。立字解见春。夏，假也。物至此时皆假大也。
初候，蝼蝈鸣。二候，蚯蚓出。三候，王瓜生。

夏季宜养心，民间有云『立夏吃了蛋，热天不疰夏』，所以在夏天到来的时候吃蛋，可以『安神养心』。

茭白又名菰菜，与苋菜、蚕豆并称江南初夏三鲜。茭白白净整洁，新鲜柔嫩。清代《调鼎集》中收录了诸多茭白的烹制方法：拌茭白、茭白烧肉、炒茭白、茭白酥……

小满

熟枇杷

小满

欧阳修

夜莺啼绿柳，
皓月醒长空。
最爱垄头麦，
迎风笑落红。

欧阳修，字永叔，号醉翁，晚号六一居士。北宋政治家、文学家，“唐宋八大家”之一。

小满，四月中。小满者，物至于此小得盈满。
初候，苦菜秀。二候，靡草死。三候，麦秋至。

《周书》记载：『小满之日苦菜秀。』苦菜是中国人最早食用的野菜之一，味感甘中略带苦，可炒食或凉拌。

苋菜根茎肥嫩，入口甘香，菜身软滑。自古文人多爱苋菜，既有陆游的『羹惟野苋红』，也有郑板桥的『白菜青盐苋子饭』，还有张爱玲在《谈吃与画饼充饥》中对苋菜拌饭的回忆。

芒种

梅子黄

约客

赵师秀

黄梅时节家家雨，
青草池塘处处蛙。
有约不来过夜半，
闲敲棋子落灯花。

赵师秀，字紫芝，号灵秀，人称“鬼才”。南宋诗人，在“永嘉四灵”中声望最高。

黄梅：指『黄梅季节』。夏初江南梅子黄熟之时正值『梅雨季节』，所以称作『黄梅』。

灯花：灯芯燃尽结成的花状物。旧时以油灯照明，灯芯烧尽，落下时好像一朵闪亮的小花。

芒种，五月节。谓有芒之种谷可稼种矣。

初候，螳螂生。二候，鵙始鸣。三候，反舌无声。

端午节又称端阳节，时间为每年农历五月初五。端午节有扒龙舟与食粽两大习俗，各地还有饮雄黄、挂艾草、画额、避五毒等不同习俗。

芒种是青梅成熟的季节，但因新鲜梅子味道酸涩，难以入口，故古人多经过『煮梅』后食用。三国有『青梅煮酒论英雄』的典故。

俗话说『冬鳖夏鳗』，鳗鱼有清凉败毒、滋阴补血的功效。民间吃鳗鱼的方法多样，可油炸，可做汤，可清蒸，可红煨。

夏至

绿荫浓

山亭夏日

高骈

绿树阴浓夏日长，
楼台倒影入池塘。
水精帘动微风起，
满架蔷薇一院香。

高骈，字千里。唐代后期名将、诗人。

水精帘：一种质地精细而色泽莹澈的帘子。本诗中比喻烈日照耀下晶莹透澈的湖水。

夏至，五月中。《韵会》曰：夏，假也；至，极也。万物于此皆假大而至极也。

初候，鹿角解。二候，蜩始鸣。三候，半夏生。

民间有『冬至馄饨夏至面』的说法。夏至，代表炎热夏天的到来，所以夏至面也叫『入伏面』。

软香糕是老南京夏令风味小吃，松糯可口，软凉香甜。软香糕的制作讲究『两粉两味』，两粉是糯米粉和粳米粉，两味便是薄荷汁和绵白糖。

小暑

映日荷

纳凉

秦观

携扙来追柳外凉，
画桥南畔倚胡床。
月明船笛参差起，
风定池莲自在香。

秦观，字少游，一字太虚，别号邗沟居士。北宋婉约派词人，被尊为婉约派一代词宗。

胡床：古时一种可以折叠的轻便坐具。

画桥：装饰华美的桥梁。

小暑，六月节。《说文》曰：暑，热也。就热之中分为大小，月初为小，月中为大，今则热气犹小也。

初候，温风至。二候，蟋蟀居壁。三候，鹰始击。

我国南方有『新食』习俗，即用小暑前后收成的稻米酿成米酒，或磨成米粉做成各种美食，以示对丰收的祈愿。北方则有吃饺子的习俗。

民间有谚云：『夏吃黄鳝赛人参。』黄鳝性温，味甘，能补虚损，益气力，除风湿，强筋骨。黄鳝做法多样，有清炒鳝糊、焖鳝段、炒鳝丝……

大暑

蝉声响

夏夜追凉

杨万里

夜热依然午热同，
开门小立月明中。
竹深树密虫鸣处，
时有微凉不是风。

杨万里，字廷秀，号诚斋。南宋文学家，南宋“中兴四大诗人”之一。

追凉：追寻凉爽，以示在热天对凉爽的渴求。

大暑，六月中。解见小暑。

初候，腐草为萤。二候，土润溽。三候，大雨时行。

民间有大暑三伏饮『伏茶』的习俗。三伏茶由金银花、夏枯草、甘草等十多味中草药煮成，有清凉祛暑的作用。

虾子勒鲞是苏州传统特产，是用鳓鱼干与虾子蒸制而成，味道鲜甜咸美，爽口不腻，旧时茶食店、南货店都有制售，袁枚《随园食单》中点评：三伏日食之绝妙。

立秋

对秋风

秋夕

杜牧

银烛秋光冷画屏，
轻罗小扇扑流萤。
天阶夜色凉如水，
坐看牵牛织女星。

杜牧，字牧之，号樊川居士。唐代诗人、散文家，与李商隐并称“小李杜”。

银烛：银色而精美的蜡烛。

轻罗小扇：轻巧的丝质团扇。

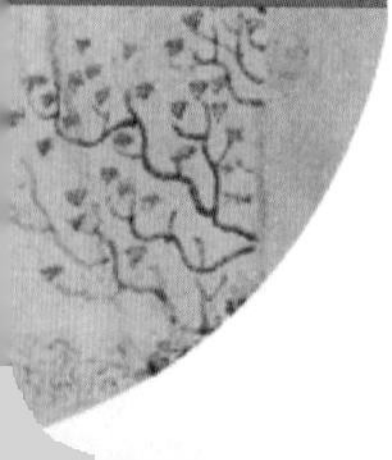

天阶：皇宫中露天的石阶。

牵牛织女星：牵牛星和织女星。亦指古代神话中的牛郎和织女。

立秋，七月节。立字解见春。秋，揫也。物于此而揫敛也。

初候，凉风至。二候，白露降。三候，寒蝉鸣。

七夕节又称七巧节，是中国民间传统节日。时间为每年农历七月初七。七夕节被赋予了『牛郎织女』的美丽爱情传说，成为象征爱情的节日。

立秋之后吃西瓜或香瓜，名为『咬秋』。各地也有吃肉食的传统，谓之『贴秋膘』。

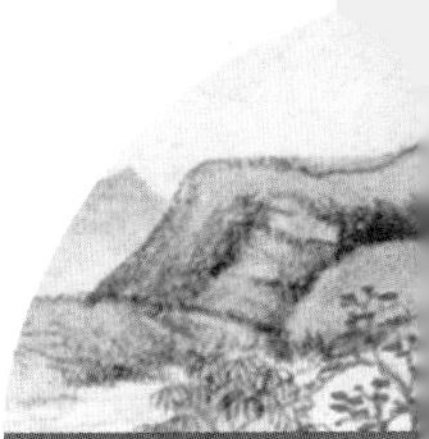

梨炒鸡是秋季适宜的菜品，选用小鸡胸脯肉切片调味，加入雪梨薄片炒熟出锅。秋梨可润肺止咳，鸡肉可缓解畏寒怕冷之症。

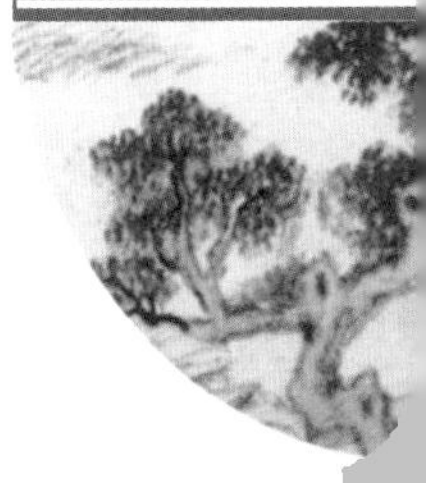

处暑

雁来月

山居秋暝

王维

空山新雨后，天气晚来秋。
明月松间照，清泉石上流。
竹喧归浣女，莲动下渔舟。
随意春芳歇，王孙自可留。

王维，字摩诘，号摩诘居士。唐朝诗人、画家，被称为“诗佛”。

暝：日落之时，天色将晚。

浣女：洗衣服的女子。

王孙：原指贵族子弟，后来也泛指隐居的人。

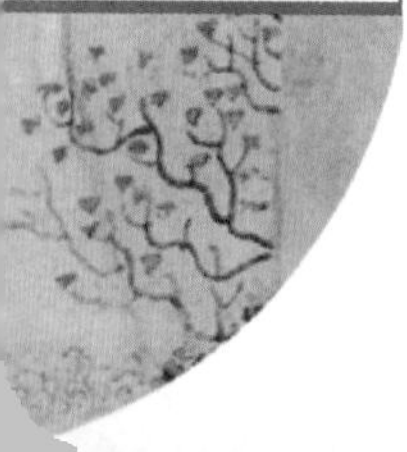

处暑，七月中。处，止也。暑气至此而止矣。

初候，鹰乃祭鸟。二候，天地始肃。三候，禾乃登。

中元节又称七月半、盂兰盆节，是我国忆先人的传统节日，时间为每年农历七月十五，有祭祖、放河灯、祀亡魂、焚纸锭、祭祀土地等习俗。

俗语道：『处暑送鸭，无病各家。』鸭肉味甘，寒，有清热润燥之效，适宜秋季进补。

百合鸭选用老鸭、陈皮、蜂蜜、菊花等食材烹制，气味芬芳，营养丰富，是初秋润肺养脾、清心安神的食补佳品。

白露

白露行

蒹葭

诗经·国风·秦风

蒹葭苍苍，白露为霜。所谓伊人，
在水一方。溯洄从之，道阻且长。
溯游从之，宛在水中央。
蒹葭萋萋，白露未晞。所谓伊人，
在水之湄。溯洄从之，道阻且跻。
溯游从之，宛在水中坻。
蒹葭采采，白露未已。所谓伊人，
在水之涘。溯洄从之，道阻且右。
溯游从之，宛在水中沚。

《诗经》为我国第一部诗歌总集，《国风·秦风》为十五国风之一，是秦地民歌，共十篇，《蒹葭》乃其中之一。

蒹葭：未长出穗的初生芦苇。

湄：水和草交接的地方，也就是岸边。

晞：干。

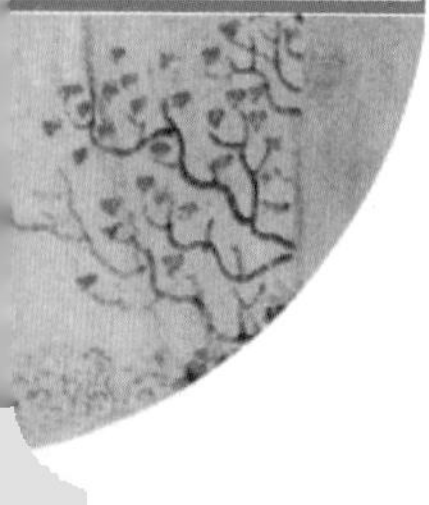

涘：水边。
坻：水中的小高地。
沚：水中的小块陆地。

白露，八月节。秋属金，金色白，阴气渐重，露凝而白也。
初候，鸿雁来。二候，元鸟归。三候，群鸟养羞。

白露茶既不像春茶那样鲜嫩，也不像夏茶那样干涩味苦，而是有一种独特甘醇的清香味，故民间有『春茶苦，夏茶涩，要喝茶，秋白露』的说法。

鸡头米，又名芡实，《随息居饮食谱》说芡实，『干者可为粉作糕点』。将新鲜芡实去壳晾干，研成粉，同糯米粉、白糖一起加水揉面，蒸熟可做成芡实糕。

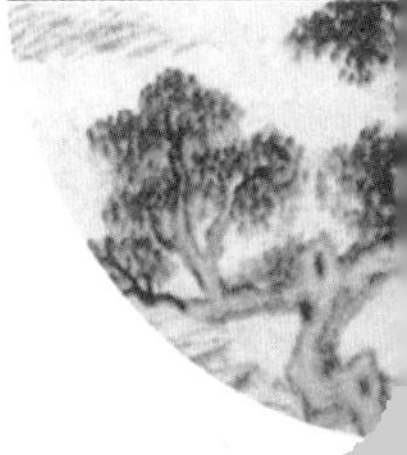

秋分

桂花香

秋词二首（其一）

刘禹锡

自古逢秋悲寂寥，
我言秋日胜春朝。
晴空一鹤排云上，
便引诗情到碧霄。

刘禹锡，字梦得。唐代文学家，有“诗豪”之称。

诗情：作诗的情志，诗中表现了诗人的壮志豪情和开阔胸襟。

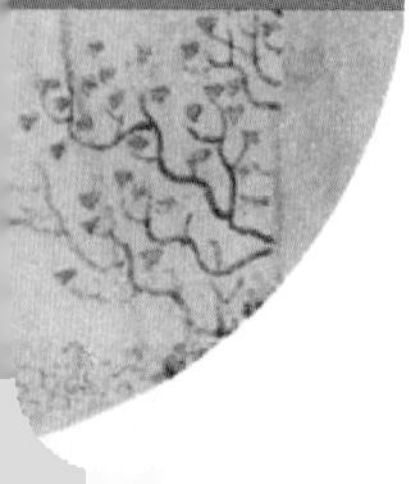

秋分，八月中，解见春分。
初候，雷始收声。二候，蛰虫坯户。三候，水始涸。

中秋节是我国传统节日之一，时间为每年农历八月十五。中秋节自古便有祭月、赏月、吃月饼、玩花灯、赏桂花、饮桂花酒等习俗。

秋分之时有吃秋菜的传统，将之采回与鱼片『滚汤』，名为『秋汤』。一家人食秋菜、饮秋汤，意在祈求家宅安宁，身强力壮。

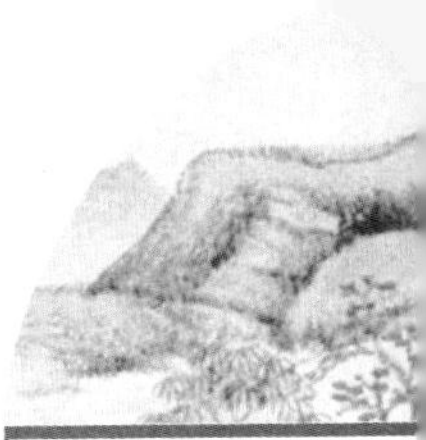

闽南地区有句食谚：「七月半鸭，八月半芋」，说的是中秋的芋头最为可口。

桂花糖芋苗，是秦淮地区的著名小吃。将刚成熟的芋头去皮煮烂，调入桂花糖浆和藕粉熬制，烹制好的芋头软糯香甜，汤汁呈紫红色，晶莹剔透，煞是诱人。

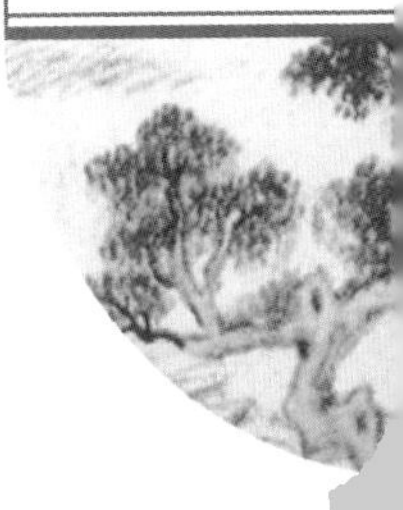

寒露

露光凝

枫桥夜泊

张继

月落乌啼霜满天，
江枫渔火对愁眠。
姑苏城外寒山寺，
夜半钟声到客船。

张继，字懿孙。唐代诗人。

枫桥：位于今江苏省苏州市虎丘区枫桥街道阊门外。

姑苏：苏州的别称，因城西南有姑苏山而得名。

寒山寺：位于苏州市姑苏区枫桥附近，始建于南朝梁代。

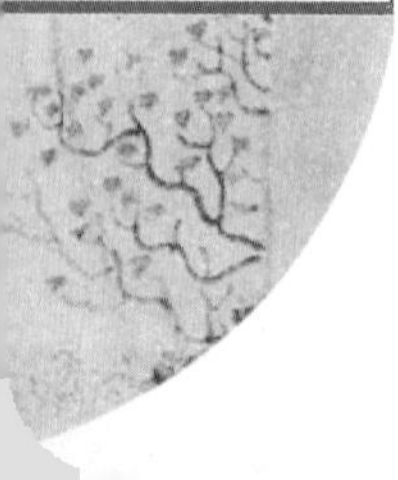

寒露，九月节。露气寒冷，将凝结也。

初候，鸿雁来宾。二候，雀入大水为蛤。三候，菊有黄华。

寒露时节菊花盛开，为除秋燥，一些地区有饮菊花酒的习俗。菊花酒由菊花、糯米、酒曲酿制而成，清凉甜美，有养肝、明目、健脑、延缓衰老等功效。

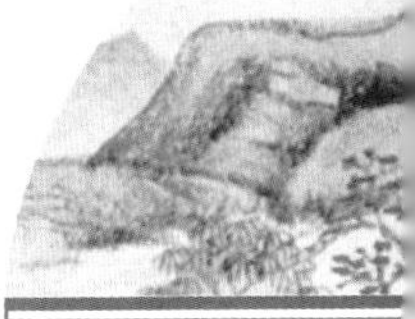

俗话说：「九月团脐十月尖，持蟹饮酒菊花天。」农历九月，雌蟹卵满、黄膏丰腴，十月雄蟹发育最好。此时节最适宜啖蟹饮酒，吟诗赏菊。

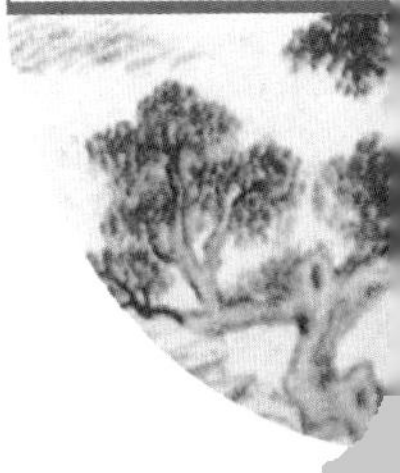

霜降

霜满天

谪居黔南十首（其二）

黄庭坚

霜降水反壑，风落木归山。
冉冉岁华晚，昆虫皆闭关。

黄庭坚，字鲁直，号山谷道人。北宋著名文学家、书法家，“江西诗派”开山之祖，与苏轼齐名，世称“苏黄”。

霜降，九月中。气肃而凝露结为霜矣。《周语》曰：驷见而陨霜。

初候，豺祭兽。二候，草木黄落。三候，蛰虫咸俯。

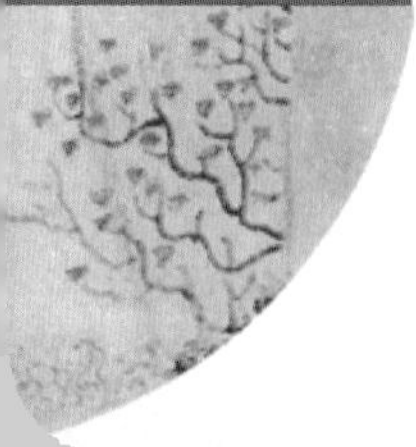

霜降时节吃红柿子，这时候的柿子皮薄肉甜，清热润肺，可降秋燥。

板栗于每年九、十月份成熟，栗糕，即选用新产的栗子煮烂，用纯糯米粉加糖做成糕蒸熟，糕上放瓜子仁、松子仁。是一种重阳节的小吃。

立冬

半青黄

立冬

王穉登

秋风吹尽旧庭柯，
黄叶丹枫客里过。
一点禅灯半轮月，
今宵寒较昨宵多。

王穉登，字伯谷，号松坛道士。明代文学家、书法家。

立冬，十月节。立字解见前。冬，终也，万物收藏也。初候，水始冰。二候，地始冻。三候，雉入大水为蜃。

一说『饺子』一词来源于『交子之时』。立冬是秋冬季节之交，故『交子之时』吃饺子。有些地方也有立冬喝羊肉汤的习俗，羊肉温补，可用于御寒。

颇不棱，面糊摊开，裹肉为馅蒸之。即以烫面皮包裹肉馅蒸制而成。颇不棱的说法只在《随园食单》中记载，即肉饺也。其皮薄，软韧爽滑，馅嫩汤旺，食之鲜美芳香。

小雪

一片寒

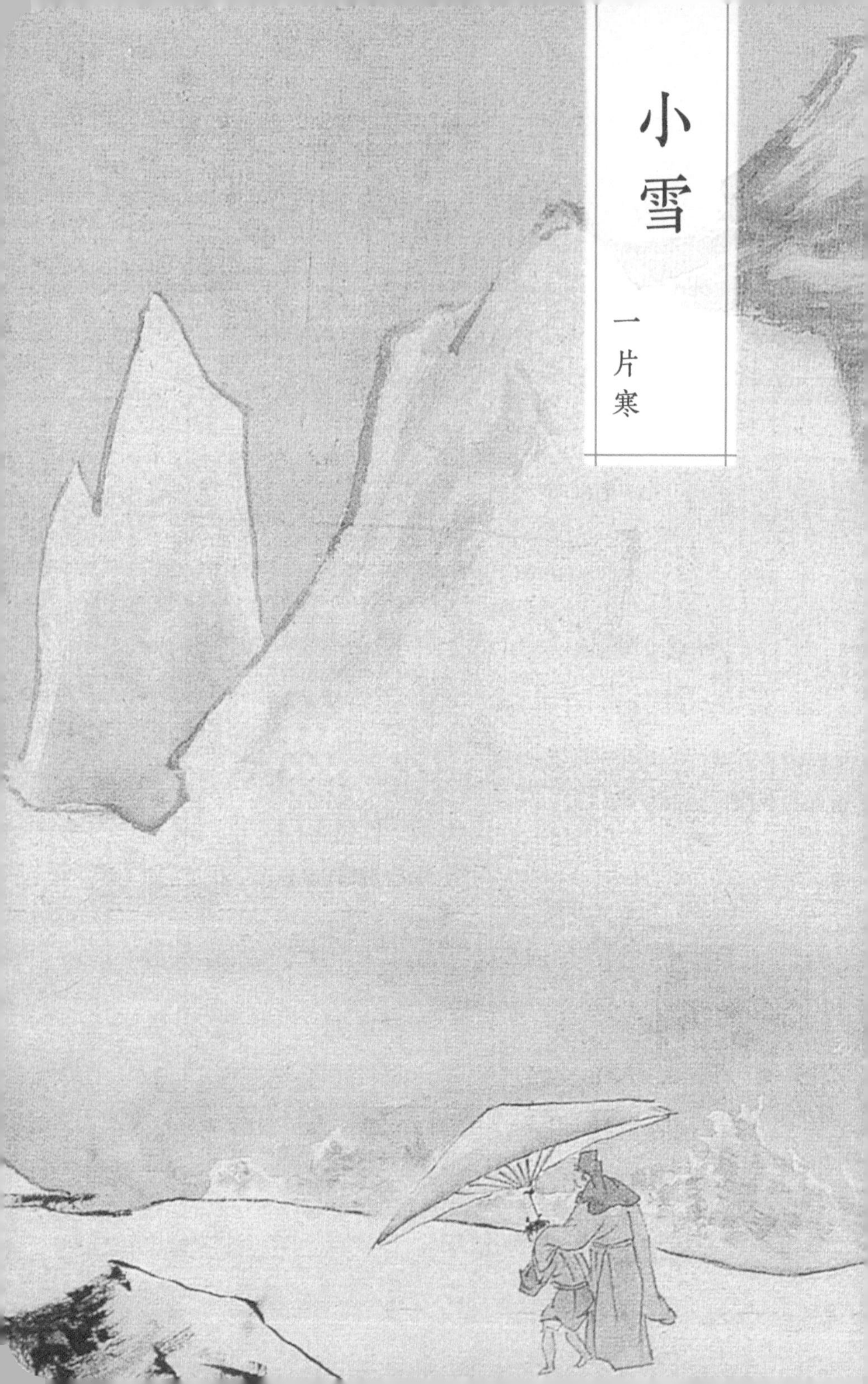

小雪

戴叔伦

花雪随风不厌看，
更多还肯失林峦。
愁人正在书窗下，
一片飞来一片寒。

戴叔伦，字幼公（一作次公）。唐代诗人，其诗多表现隐逸生活和闲适情调。

小雪，十月中。雨下而为寒气所薄，故凝而为雪，小者未盛之辞。

初候，虹藏不见。二候，天气上升、地气下降。三候，闭塞而成冬。

民间有『冬腊风腌，蓄以御冬』的习俗。小雪后气温骤降，天气变得干燥，正是加工咸菜的好时候。

雪里蕻，又称雪里红。冬天将新鲜的雪里蕻晒干后，用盐抹匀置入缸中密封，一个月后即可食用。腌好的雪里蕻咸鲜爽脆，开胃消食。

大雪

朔风紧

问刘十九

白居易

绿蚁新醅酒，
红泥小火炉。
晚来天欲雪，
能饮一杯无？

白居易，字乐天，号香山居士。唐代现实主义诗人，有“诗魔”“诗王”之称。

绿蚁：酒未滤清时，酒面上浮起的酒渣，色微绿，细如蚁，故称『绿蚁』。

大雪，十一月节。大者，盛也。至此而雪盛矣。
初候，鹖旦不鸣。二候，虎始交。三候，荔挺出。

俗语道：『小雪腌菜，大雪腌肉。』大雪一到，各家各户忙着腌制咸货，有鱼有肉，腌制好后挂在向阳的屋檐下晒干，待到新年时食用。

糯米营养丰富，味甘性温，用糯米制作的汤圆最适宜在冬天食用。汤圆的馅料很多，用红枣做馅儿，既能御寒暖身，又能补养气血。

冬至

寒夜长

冬至

杜甫

年年至日长为客，
忽忽穷愁泥杀人。
江上形容吾独老，
天边风俗自相亲。
杖藜雪后临丹壑，
鸣玉朝来散紫宸。
心折此时无一寸，
路迷何处见三秦。

杜甫，字子美，自号少陵野老。唐代现实主义诗人，与李白合称“李杜”。

丹壑：峡谷深渊中一汪水池。形容山中胜景。

鸣玉：原指古人佩于腰间的玉饰，行走时使之相击发声，后常比喻出仕在朝。

紫宸：宫殿名，天子所居，为唐时接见群臣及外国使者的内朝正殿，在大明宫内。
三秦：关中地区。项羽破秦入关，把关中之地分给秦降将章邯、司马欣、董翳，因此称关中为三秦。

冬至，十一月中。终藏之气至此而极也。
初候，蚯蚓结。二候，麋角解。三候，水泉动。

全国各地冬至的饮食风俗各有不同，如北方吃水饺、潮汕吃汤圆、东南做麻糍、滕州喝羊肉汤、江南吃赤豆糯米饭等。

羊肉是冬天滋补的佳品，有驱寒温补的功效。新鲜的羊肉和羊骨熬煮的白汤，撒上胡椒粉和碧绿的葱花，肥而不腻，色香味俱全。

小寒

千江雪

江雪

柳宗元

千山鸟飞绝，
万径人踪灭。
孤舟蓑笠翁，
独钓寒江雪。

柳宗元，字子厚。唐代文学家、散文家和思想家，“唐宋八大家”之一。

小寒，十二月节。月初寒尚小，故云，月半则大矣。初候，雁北乡。二候，鹊始巢。三候，雉雊。

广州有小寒早上吃糯米饭的习俗。把腊肉和腊肠切碎、炒熟，花生米炒熟，加一些碎葱白，拌在饭里面吃，糯米能补养人体正气，起到滋补御寒的作用。

冬天适宜用鳖进补。江苏有名菜『霸王别姬』，即用甲鱼和仔鸡为原料蒸制。该菜品汤汁清澄，味鲜醇厚，营养丰富。

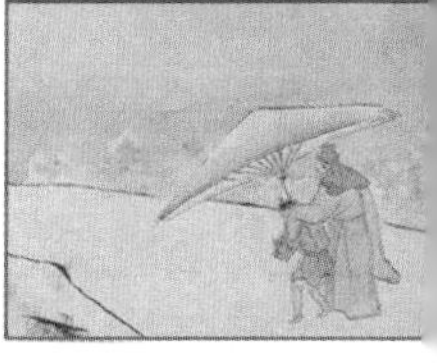

大寒

辞旧岁

逢雪宿芙蓉山主人

刘长卿

日暮苍山远，天寒白屋贫。
柴门闻犬吠，风雪夜归人。

刘长卿，字文房。唐代诗人。

苍山：青山。

白屋：没有装饰的简陋房屋。

大寒，十二月中。解见前。

初候，鸡乳育也。二候，征鸟厉疾。三候，水泽腹坚。

大寒当天，民间有打年糕的传统，百姓选择在这天吃年糕，有『年高』之意，意在期盼吉祥如意、年年平安、步步高升。

在北方，四喜丸子是年节的压轴菜。『福、禄、寿、喜』这『四喜』的寓意，表达了人们对团圆和幸福的期盼。

年度计划

最想去的城市？

最想看的电影？

最想读的书？

最想见的人？

最想对爱的人说什么话？

最想有哪方面的提升？

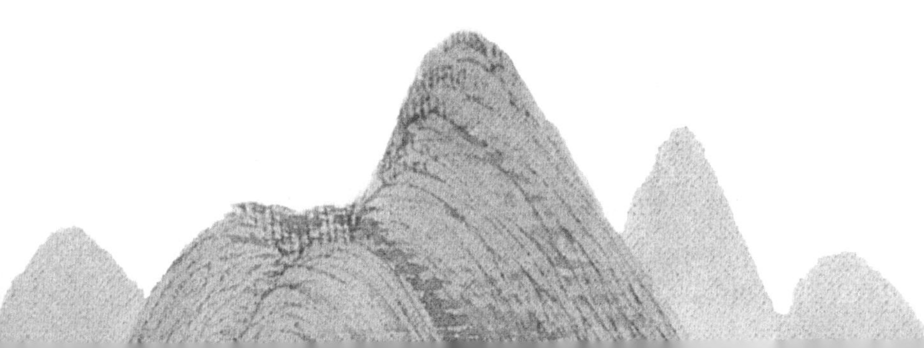

图书在版编目（CIP）数据

好雨知时节 / 西苑出版社有限公司编 . -- 北京 : 西苑出版社 , 2021.2

ISBN 978-7-5151-0794-3

Ⅰ . ①好… Ⅱ . ①西… Ⅲ . ①二十四节气－风俗习惯－中国－通俗读物 Ⅳ . ① P462-49 ② K892.18-49

中国版本图书馆 CIP 数据核字 (2020) 第 250687 号

好雨知时节

HAO YU ZHI SHIJIE

出 品 人	赵 晖
责任编辑	辛小雪
装帧设计	黄 尧
责任印制	陈爱华
出版发行	西苑出版社 XIYUAN PUBLISHING HOUSE
地 址	北京市朝阳区和平街 11 区 37 号楼 邮政编码：100013
电 话	010-88636419
印 刷	三河市嘉科万达彩色印刷有限公司
开 本	880mm×1230mm 1/32
字 数	130 千字
印 张	5
版 次	2021 年 2 月第 1 版
印 次	2021 年 2 月第 1 次印刷
书 号	ISBN 978-7-5151-0794-3
定 价	45.00 元